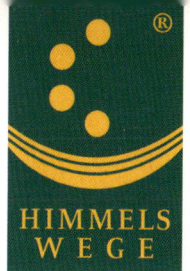

Kleine Reihe zu
den Himmelswegen
Band 1

W0044418

Die

Himmelsscheibe

von Nebra

von Regine Maraszek

Herausgegeben von
Harald Meller

Halle (Saale) 2008

Impressum

Herausgeber	Harald Meller
Texte	Regine Maraszek
Fotos	Juraj Lipták (Köln)
Karten	Nora Seeländer
Gestaltung	nach Entwurf von Michael Sauer (Hamburg)
Satz	Brigitte Parsche
Redaktion	Anja Stadelbacher, Alfred Reichenberger
Endredaktion	Manuela Schwarz
Druck	Grafisches Centrum Cuno GmbH & Co. KG, Calbe

Bibliografische Information Der Deutschen Bibliothek
Die Deutsche Bibliothek verzeichnet diese Publikation in der Deutschen
Nationalbibliografie; detaillierte bibliografische Daten sind im Internet über
http://dnb.ddb.de abrufbar.

ISBN 978-3-939414-15-5

© by Landesamt für Denkmalpflege und Archäologie Sachsen-Anhalt –
Landesmuseum für Vorgeschichte Halle (Saale) 2008

Inhalt

Vorwort

Die Himmelsscheibe von Nebra hat unser Geschichtsverständnis verändert. Sie zeigt uns ein Weltbild, wie wir es uns zuvor für das vorgeschichtliche Europa nicht haben vorstellen können. Die Tiefe der astronomischen Kenntnisse, die zum einen leicht lesbar, zum anderen mehrfach verschlüsselt dargestellt sind, und die mythische Erklärung dieses Kosmos sind beeindruckende Beispiele des menschlichen Geistes. Fernab des östlichen Mittelmeeres zeigt die Himmelsscheibe, dass die Schöpfungskraft schriftloser Kulturen der der Hochkulturen nicht nachsteht, sondern nur schwerer für uns entschlüsselbar ist.

Mehr als 700.000 Menschen haben die Ausstellung »Der geschmiedete Himmel – die weite Welt im Herzen Europas vor 3600 Jahren« in Halle, Kopenhagen, Wien, Mannheim und Basel besucht. Der Schatz von Nebra hat nunmehr endgültig seinen Platz in der Dauerausstellung des Landesmuseums für Vorgeschichte in Halle gefunden.

Ihre Popularität verdankt die Himmelsscheibe, die als Botschafter Sachsen-Anhalts eine große Kraft entwickelt, nicht zuletzt Ihnen, den Wissbegierigen, denen dieser erste Kurzführer aus der Reihe »Himmelswege« gewidmet ist.

Harald Meller

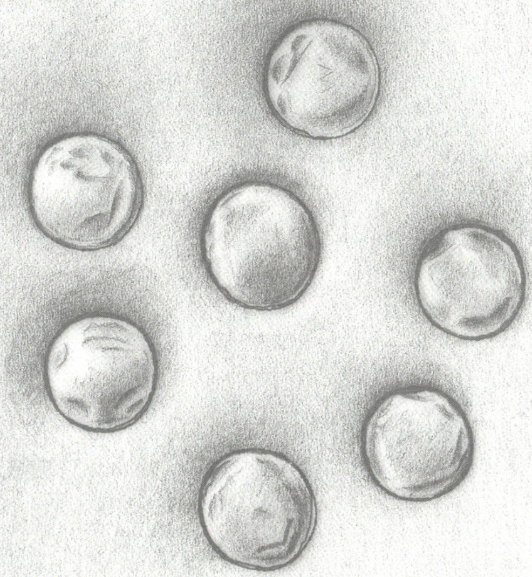

Kapitel 1

Chronik der Fundgeschichte

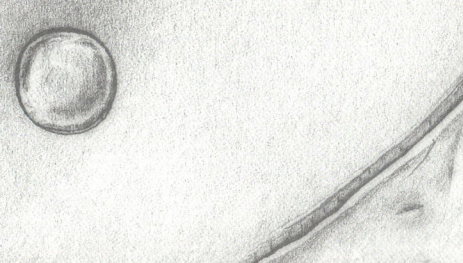

4. Juli 1999

Das elektronische Piepsen einer Metallsonde zeigt an einem schönen Sommernachmittag das Versteck der Himmelsscheibe an. Der Finder Henry Westphal ist mit einem Bekannten, Mario R., gemeinsam im Ziegelrodaer Forst unterwegs, auf der Suche nach Orden und Münzen. Es ist vereinbart, dass jeder für sich sucht und seine Funde dann auch behält. Sie kommen durch das Tal von Kleinwangen den Mittelberg herauf. Ein Weg verläuft nahe der Fundstelle, wenige Meter entfernt sind im Hang Reste eines Plateaus zu erkennen, die der Finder für Überbleibsel eines Köhlermeilers hält. Der Detektor gibt das Signal ein Stück von dieser Plattform entfernt. Westphal beginnt, nachdem er das Laub entfernt hat, mit seiner Hacke das Erdreich aufzubrechen. Der Boden ist dunkel, hart und trocken. Das Laub nicht mitgerechnet, ist die Oberkante der Scheibe nur wenige Zentimeter tief verborgen.
Mario R. hilft beim Weitergraben. Er sieht auch zuerst, dass Westphal mit seinem Werkzeug die Scheibe beschädigt und ein Goldblech im oberen Bereich abreißt. Die beiden wühlen jedoch zuerst die anderen Funde aus: Schwerter, Beile, Meißel und die Armspiralen. Dazwischen ist kaum Erde, die Sachen liegen eng beieinander. Die Scheibe steht dahinter senkrecht auf einem Stein, an einen weiteren angelehnt. Ohne das übrige ist die Scheibe nicht herauszubekommen gewesen, beschreiben die beiden später. Sie erkennen die Schwerter als wertvolle archäologische Funde. An einem der Schwertgriffe sind die Goldklammern und das Heftende leicht verrutscht, der andere Schwertgriff ist in Ordnung, nur ein Stück Holz oder ähnliches sei heraus gefallen, das haben sie nicht weiter beachtet. Die Steine sind so ineinander verkeilt, dass man zuerst den großen Block hinter der Scheibe entfernen muss. Den werfen sie ein Stück den Berg herunter. Der Fund ist nicht abgedeckt, Knochen haben sie nicht beobachtet, allerdings auch nicht darauf geachtet. Die Grube

ist mit ganz gewöhnlicher brauner Erde gefüllt. Die beiden graben noch ein paar Zentimeter tiefer, nachdem sie den Fund herausgeholt haben, und suchen den Boden der Grube noch einmal mit der Sonde ab. Als das erfolglos bleibt, füllen sie das Loch mit Erde und Laub. Dabei gelangt auch eine Wasserflasche in die Grube, aus der Westphal getrunken hat, eine leere Flasche »Deutscher Brunnen«. Das ganze Unternehmen dauert drei bis vier Stunden. Gegen 20 Uhr sind sie wieder daheim. Sie tragen den Fund zu zweit zum Auto, Beile und Meißel in Tüten; Schwerter und Scheibe nehmen sie so in die Hand. Später werden alle Funde auf den Rücksitz von Westphals Trabant gelegt. Am Abend gehen sie dann noch gemeinsam feiern. Der große Coup bleibt den übrigen Gästen der Kneipe nicht lange verborgen.

Mario R. ruft kurz darauf im Rheinland an, er bietet den Fund für 50.000 DM zum Verkauf. Der Rheinländer Achim S.,

Nachgestellte Situation: Die Sondengänger am Fundplatz der Himmelsscheibe.
Bild: © Karol Schauer

den die beiden bei Schatzsuchertreffen kennen gelernt haben, fährt am folgenden Tag nach Röblingen am See. Nachdem er die Stücke gesehen hat, einigen sie sich. Der eigentliche Finder bekommt 28.000 DM, der Vermittler 4.000 DM. Von dem Geld wird später eine Wohnung renoviert und eingerichtet, eine Schrankwand gekauft, ein Auto repariert und ein Urlaub bezahlt. Achim S. packt die ungereinigten Bronzen ein, die Armspiralen sind noch ineinander gedreht und innen voller Erde. Auf der Scheibe sieht man nur Teile des Sonnengoldes und der Barke. Die Scheibe wird drei Tage lang in einer Badewanne eingeweicht, unter Zugabe von Spüli. Als dann auch der Einsatz einer Zahnbürste nichts hilft, reinigt S. sie mit Akupatz, aber nur zur Hälfte. Dabei bemerkt er auch, dass ein Stück Goldblech fehlt. Eine Woche später führen ihn Westphal und dessen Bekannter auf seine Bitte hin zum Fundort. Sie untersuchen die Stelle noch einmal mit einem Metalldetektor.

Juli 1999 – Juli 2000

Achim S. erkennt neben dem Wert der Schwerter bei deren Auslage auf dem Wohnzimmertisch auch die Einzigartigkeit der Bronzescheibe. Er will den Fund mit Gewinn weiter verkaufen. Zunächst ruft er einen in seinen Kreisen gut bekannten Kunsthändler an, der ihm vorschlägt, den

Henry Westphal
ist Straßenbauer. Er hat die Himmelsscheibe und die anderen Bronzen bei illegaler Schatzsucherei gefunden und ausgegraben. Später unterstützte er die Archäologen bei der Rekonstruktion der Fundsituation.

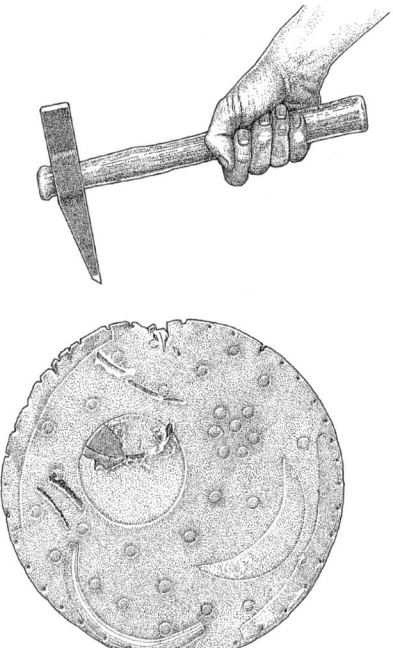

Bei der Bergung und der anschließenden unsachgemäßen Reinigung wurde die Himmelsscheibe beschädigt. Besonders im oberen Drittel finden sich Kratzer und Schrammen, Teile der Goldbleche sind dabei abgerissen, ein Hackenschlag traf den Rand der Scheibe.
Bild: © Karol Schauer

Weiterverkauf als Treuhänder zu organisieren. Der angestrebte Verkaufspreis von einer halben Million Mark gibt S. zu denken. Er nimmt an, dass der Fund sehr viel wertvoller sein müsse und entscheidet sich, die Sache selbst in die Hand zu nehmen. Verschiedene Museen und Händler erfahren von der Bronzescheibe. Aber alle winken ab, nachdem sie den Fundort gehört haben: Sachsen-Anhalt, in der Nähe von Sangerhausen, gibt Achim S. an, bei einem Wall ausgegraben. Mit der Nennung des Bundeslandes wird der Verkauf hinfällig, denn es ist allgemein bekannt, dass es in Sachsen-Anhalt ein Schatzregal gibt.

Der Versuch eines Weiterverkaufs scheitert. Erste Fotos vom Fund werden jedoch weitergegeben. Eine grün korrodierte, mit Erde verbackene Scheibe, auf der Goldverzierungen zu erkennen sind, platziert auf einem dunkelblauen Handtuch.

Der Zustand des Fundes gibt Anlass zur Sorge. Um eines der Schwerter liegen Schmutzreste, ein anderes ist schon gesäubert, der Knauf dabei von der Klinge gelöst und falsch herum wieder anmontiert worden. Man sieht, dass die Scheibe teils noch mit Erde verklebt, teils jedoch bereits versuchsweise gereinigt ist. Auch an Schwertern, Beilen und Meißeln sind Freilegungsversuche erkennbar, wahrscheinlich mit fatalen Folgen verbunden: einer Beschädigung der Originalsubstanz, die mit der Vernichtung von Indizien zur Fundgeschichte einhergeht.

Mehr oder weniger gehaltvolle Nachrichten über den Schatzfund verbreiten sich in den Kreisen der Händler und Raubgräber. Auch die Gastwirtin und an Archäologie interessierte Hildegard B. hört von dem Fund. Sie betreibt ein Lokal in Kaarst im Rheinland, in dem sich einmal im Monat Schatzsucher und Sammler zum Stammtisch treffen. Hildegard B. vermittelt Achim S. einen Käufer, einen Sammler aus Nordrhein-Westfalen, der die Bronzen nach mehrwöchigen Preisverhandlungen geschlossen für 230.000 DM, gezahlt in drei Raten, erwirbt. Als Fundort wird weiter Sangerhausen angegeben, eine fiktive Karte erhält der Sammler mit dem Fund. Die Gastwirtin spürt die Macht der Scheibe, hat eine Vision und beginnt, einen Roman zu schreiben.

Mai 2001

Der neu berufene Landesarchäologe von Sachsen-Anhalt, Harald Meller, erhält zum ersten Mal Kenntnis von dem Fund durch seinen Berliner Kollegen, der ihm Fotografien des Ensembles überlässt, die offensichtlich kurz nach dem Auswühlen gemacht worden sind. Nach einer ersten wissenschaftlichen Expertise der erkennbaren Details beschließen Staatsanwaltschaft, Landeskriminalamt, Kultusministerium und Landesamt für Archäologie gemeinsam alles in ihrer Macht stehende zu tun, um den Fund nach Sachsen-Anhalt zurückzuholen. Das Ermittlungsverfahren beginnt.

Januar 2002

Hildegard B. wendet sich an die Zeitschrift *Focus*, um den Fund der Öffentlichkeit bekannt zu machen.

Journalisten des *Focus* legen neue Bilder des Bronzefundes einer Archäologin der Universität München zur Begutachtung vor. Die Journalisten wenden sich auf Anraten der Wissenschaftlerin an den Landesarchäologen von Sachsen-Anhalt. Einvernehmlich wird beschlossen, die Publikation eine Woche zu verschieben, um dem laufenden Ermittlungsverfahren ein wenig mehr Zeit zu lassen.

Februar 2002

Hildegard B. nimmt Kontakt zu Harald Meller auf. Sie gibt an, den Fund, der sich jetzt in der Schweiz befinden soll, gesehen zu haben und die Interessen des Besitzers zu vertreten. Der Sammler hätte die Absicht, den Fund an ein Museum oder eine ähnliche Einrichtung zu veräußern. Er wolle 700.000 Euro, die er aus seiner Altersvorsorge investiert hatte, um den Fund auf ihr Anraten zu kaufen. Die Stücke sollen bis dahin nicht weiter restauriert worden sein, alle auf den ersten Fotos abgebildeten Gegenstände wären noch beisammen. Sie selbst kenne die Grabungsstätte nicht, aber der vormalige Besitzer könnte zum Fundort führen.

Harald Meller
ist Landesarchäologe von Sachsen-Anhalt; Direktor des Landesamtes für Denkmalpflege und Archäologie und des Landesmuseums für Vorgeschichte. Er arbeitete eng mit dem Landeskriminalamt und dem Kultusministerium Sachsen-Anhalt zusammen, damit die Himmelsscheibe der Öffentlichkeit bekannt gemacht werden konnte und im Museum ihre Heimat fand. Harald Meller leitet die Forschergruppe der Himmelsscheibe und initiierte die erfolgreichen Ausstellungen.

Ein Bild aus der Zeit der Weiterverkaufsversuche. Die Scheibe ist bereits unsachgemäß gereinigt worden.

Die Möglichkeit einer Fälschung und die Echtheit des Stückes als Voraussetzung für einen Erwerb werden diskutiert. Man vereinbart eine ambulante Echtheitsprüfung in der Schweiz. Ausgestattet mit Chemikalien-Requisiten für ein optisch ansprechendes Verfahren (Zischen, Dampfen) zur scheinbaren Echtheitsprüfung, reist Meller nach Basel. Dort trifft er am 23. Februar in der Bar des Hilton-Hotels Hildegard B. und den sehr schweigsamen Besitzer Reinhold S. Der trägt ein Schwert in seiner Aktentasche und die Himmelsscheibe in einem Handtuch um seinen Körper gewickelt. Beides wird vor Meller auf den Tisch gelegt, neben einem vorbereiteten Verkaufsvertrag. Dann erscheint die in die Ermittlungen des LKA eingebundene Schweizer Polizei, die Bronzen werden beschlagnahmt. Das Pärchen geleitet man zur Vernehmung. Reinhold S. gibt Auskunft über den Verbleib der übrigen Stücke, die nur wenig später bei einer Hausdurchsuchung in Deutschland sichergestellt werden. Die Himmelsscheibe reist am nächsten Tag mit Beamten des LKA nach Deutschland zurück. Zwei Tage später erscheint wie geplant der Artikel

14

im *Focus*. Am 28. Februar wird der gesamte Fund zum ersten Mal bei einer Pressekonferenz im Landeskriminalamt in Magdeburg öffentlich präsentiert.

März bis Mai 2002

Der Fund wird an das Landesamt für Archäologie übergeben und vom 13. April bis 2. Mai als Höhepunkt der laufenden Ausstellung präsentiert, die aus Anlass des 120jährigen Bestehens des Hauses aus jedem Jahr Museumsgeschichte einen sehr bedeutenden Fund zeigt.

Juli 2002

Achim S. meldet sich aus eigenem Antrieb bei der Polizei und sagt umfänglich aus. Der Gastwirt, der die Siegesfeier des Finders miterlebt hat, hatte ihm erzählt, dass sein Name bei einer polizeilichen Ermittlung gefallen war.

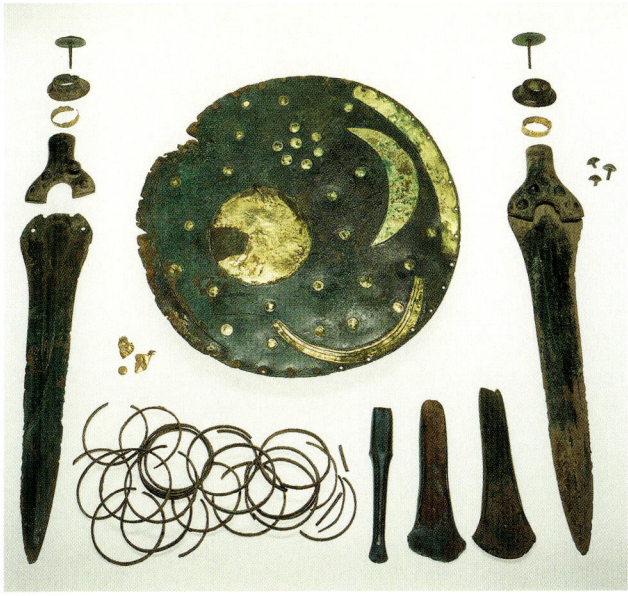

Der Hortfund bei der Ankunft im Landesmuseum im März 2002

Die Beschlagnahmung des Fundes in der Schweiz und die falschen Angaben über den angeblich von ihm dafür geforderten Preis im *Focus* taten ein Übriges. Achim S. führt Vertreter des Landeskriminalamtes und des Landesamtes für Archäologie an den Fundort der Himmelsscheibe. Die Stelle ist als kleine Vertiefung gut sichtbar und durch eine Markierung an einem Baum kenntlichgemacht.

August 2002

Am Fundort der Himmelsscheibe auf dem Mittelberg beginnen umfangreiche Geländeuntersuchungen und Ausgrabungen, die Fragen nach dem Umfeld des Fundes klären.

September 2002

Im Amtsgericht Naumburg findet der Prozess gegen die Finder und Hehler der Himmelsscheibe statt. Henry W. und Mario R. haben schon vor der Verhandlung Geständnisse abgelegt. Der Finder wird wegen Unterschlagung zu vier Monaten Haftstrafe auf Bewährung und 250 Stunden gemeinnütziger Arbeit verurteilt, sein Kumpan, der wegen anderer Delikte noch mehrfach vorbestraft war, wegen Hehlerei zu neun Monaten und einer Geldstrafe von 2.000 Euro. Achim S., der erste Käufer, erhält eine Verwarnung wegen Hehlerei und eine Geldstrafe von 4.500 Euro, sein freiwilliges Geständnis wirkt strafmildernd. Das Strafmaß von Hildegard B., der Vermittlerin, beträgt ein Jahr Haft auf Bewährung und 1.500 Euro, letzteres alternativ als gemeinnützige Tätigkeit abzuleisten. Reinhold S. wird zu einem halben Jahr Haft auf Bewährung und 5.000 Euro Geldstrafe verurteilt. Ihre Verteidiger gehen in Berufung. Hildegard B. streitet die Kenntnis des Schatzregals ab und betont ihre uneigennützigen Motive. Reinhold S. gibt an, dass er im Erwerb des Fundes keinen Straftatbestand sehe.

September 2004 – 2005

Die Hauptverhandlung im Berufungsverfahren am Landgericht in Halle dauert 33 Verhandlungstage. 78 Beweis-
und Hilfsbeweisanträge werden gestellt. Die Unterlagen
füllen sieben Aktenbände. Die Verteidigung verfolgt eine
schwer durchschaubare Strategie, die sich im Laufe der
Zeit mehrfach verändert und auf sich teils widersprechen-
den Grundlagen beruht: Man versucht zu beweisen, dass
die Himmelsscheibe nicht echt ist. Man versucht zu beweisen, dass der Fundort manipuliert worden ist. Man versucht, die Zusammengehörigkeit der Fundstücke zu wider-
legen. Man versucht, die Schwerter als reine Sammler-
stücke – wissenschaftlich bedeutungslos – darzustellen.
Man versucht, Hildegard B. für vermindert schuldfähig,
wenn nicht unzurechnungsfähig erklären zu lassen – die
Scheibe hätte sie sozusagen verhext. Knapp 40 Beweis-
und weitere Hilfsanträge haben den Umstand der altruis-
tischen Motive des Sammlers und der Vermittlerin zum
Gegenstand, die die Scheibe nur an ihren rechtmäßigen
Eigentümer, das Land Sachsen-Anhalt, haben zurückgeben
wollen. Die Verteidigung stellt einen Befangenheitsantrag

Der Mittelberg bei
Nebra im Ziegelrodaer
Forst, Sachsen-Anhalt,
mit Ausgrabungs-
fläche im Herbst 2002.

17

gegen den Richter. Es wird verbreitet, dass alle 18 aner-
kannten Sachverständigen und Gutachter Teil einer Ver-
schwörung seien, deren Kopf der Landsarchäologe dar-
stelle. Der Staatsanwaltschaft wird nachlässige Akten-
führung und Unterdrückung von Beweismaterial vorgewor-
fen. Die Verteidigung bestreitet die Glaubwürdigkeit der
Zeugen – die Zeugen werden darauf erneut vernommen.
Wegen abweichender Angaben zum Durchmesser der
Scheibe verfolgt man kurzfristig die Idee, es gäbe zwei
Scheiben. Ein ehrenamtlicher Bodendenkmalpfleger, der
den Ziegelrodaer Forst wie seine Westentasche kennt,
sollte als Zeuge angehört werden – die Verteidigung zieht
daraus den zugegebenermaßen nicht zwingenden Schluss,
dass der Mann die Himmelsscheibe sicher bereits gefunden
hätte, wenn sie vom Mittelberg stammte. Schließlich wird
die Verfassungsmäßigkeit des Schatzregals angezweifelt.
Der letzte Beweisantrag, Nr. 77, enthält die Forderung nach
einer Untersuchung des seelischen Zustands des Landesarchäologen, bei dem man eine krankhafte narzistische Per-
sönlichkeitsstörung annimmt. Es ist unklar, was diese Forderung zur Entlastung der Angeklagten beitragen sollte.
Das Gericht lehnt den Antrag mit der Frage ab, ob enga-
gierte Beamte denn schon so ungewöhnlich seien, dass
man in ihrem außergewöhnlichen Engagement schwere
seelische Störungen annehmen müsse. Am 27. September
endlich wird das Urteil des Naumburger Gerichtes bestätigt. Die Angeklagten kündigen Revision an.

Das Verfahren wird nicht nur wegen der Popularität der
Himmelsscheibe, sondern auch wegen der ihm eigenen
Kuriosität von der Presse aufmerksam verfolgt. Die stän-
dige Medienpräsenz erzeugt eine gewisse Dynamik aller an
der Auffindung und Verhandlung beteiligten Personen.
Mario R. tritt mit widersprüchlichen und dubiosen Aussagen in den Medien auf. Er veröffentlicht unter Beihilfe von
zwei Journalisten einen fiktiven Bericht über die Himmelsscheibe in Buchform, angereichert mit autobiographischen
Elementen. Westphal versteigert ein Gespräch mit sich,

indem er sein Wissen zur Schatzgräberei weitergeben will,
im Internet. Den Zuschlag erhält für 555 Euro Hildegard B.
Das Treffen der beiden am 11. Mai im halleschen Maritim-
Hotel wird ausführlich kommentiert.

14. Oktober 2004 – 2. Mai 2005

Die Himmelsscheibe bildet den Mittelpunkt der Landesausstellung »Der geschmiedete Himmel. Die weite Welt
im Herzen Europas vor 3600 Jahren«. Die Ausstellung
versammelt 1200 Exponate von 66 Leihgebern aus 16
Ländern. Das Landesmuseum für Vorgeschichte zählt
fast 300.000 Besucher.

Februar 2005

In Halle findet ein internationaler Kongress statt, bei dem
54 Wissenschaftler in interdisziplinärem Zusammenwirken
ihre Forschungen über die Himmelsscheibe und ihre Zeit
vorstellen. Mehr als 300 Teilnehmer diskutieren mit den

Frankfurter Allge-
meine Zeitung vom
9. November 2004

**Plakat der
Landesausstellung**

Fachleuten. »Der Griff nach den Sternen« wird in Koope-
ration vom Landesamt für Archäologie Sachsen-Anhalt
und dem Institut für Prähistorische Archäologie der
Martin-Luther-Universität Halle/Wittenberg veranstaltet.

Juli 2005 – Januar 2007

Die Ausstellung mit dem Original des Fundes ist zu Gast
im Nationalmuseum Kopenhagen von Juli bis September
2005, im Naturhistorischen Museum Wien von November
2005 bis Februar 2006, in den Reiss-Engelhorn-Museen
Mannheim von März bis Juli 2006 und im Historischen
Museum Basel von September 2006 bis Januar 2007.

20

Januar 2007

Das Landgericht Halle bestätigt die Rechtskräftigkeit der im Berufungsverfahren erneuerten Urteile gegen Hildegard B. und Reinhold S. Neben den ausgesprochenen Strafen müssen die Angeklagten für die Prozesskosten aufkommen, inklusive der Kosten für die Gutachten, die in ihrem großen Umfang nur wegen des merkwürdigen Verhandlungsverlaufes angefertigt worden sind. Die Hehler haben so einen Teil des zusätzlichen Echtheitsnachweises des Fundes zu zahlen.

Juni 2007

Das Besucherzentrum am Mittelberg, die Arche Nebra, wird eröffnet. Interessierte können sich nach der Besichtigung des Fundortes, der nun in eine reizvolle Landschaftsarchitektur gebettet liegt, über die Bedeutung der Himmelsscheibe in einer Präsentation und einer Planetariumsshow informieren. Die Arche Nebra ist eine Station der Tourismusroute *Himmelswege*.

Juli 2007

Die erste Station der Wanderausstellung »Ein Himmel auf Erden«, die in 18 Vitrinen mit Repliken, Fotografien und Texten die wichtigsten Fragen zur Himmelsscheibe beantwortet, wird im Neanderthalmuseum in Mettmann eröffnet. Bis 2012 wird sie vorerst in Deutschland und Italien unterwegs sein.

Mai 2008

Die Himmelsscheibe von Nebra wird als Glanzpunkt der neu eröffneten Dauerausstellung zur Stein- und Bronzezeit im Landesmuseum für Vorgeschichte in Halle präsentiert.

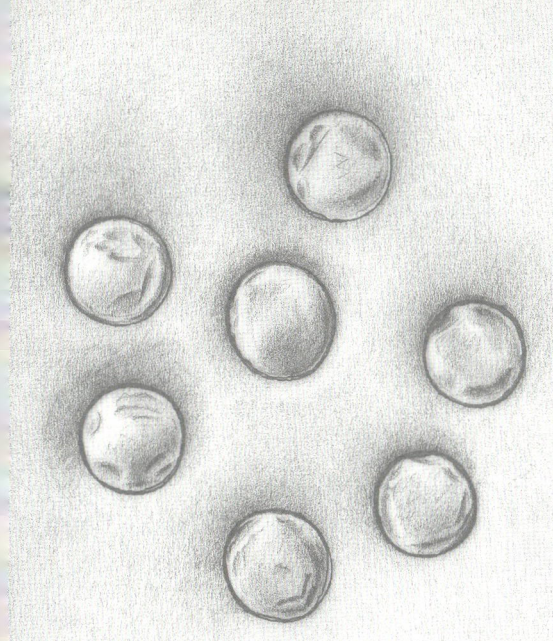

Kapitel 2

Der Fundort auf dem Mittelberg

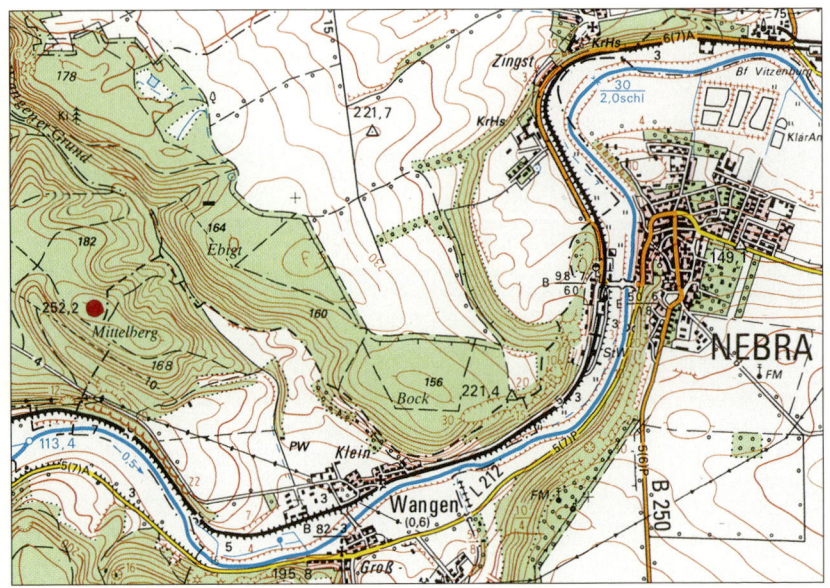

Die Bodenproben vom Mittelberg stimmten mit den noch an den Bronzen haftenden Erdresten überein, das hatte die kriminologische Untersuchung bereits ergeben. Aber auch andere Details der Fundgeschichte konnten bestätigt werden.

Bei der ersten Begehung des Fundortes erkannte man die Raubgrabungsstelle schon oberflächlich als leichte Mulde neben den Resten eines Köhlermeilers. Die Kuppe des Mittelberges und mit ihr die Fundstelle war von einem recht unscheinbaren Ringwall umgeben. Im Norden und Süden waren weitere, fast gerade verlaufende Abschnittswälle zu erkennen. Im Westen stand dichtes Brombeergebüsch, so dass man die Lage dort nicht beurteilen konnte.

Im August 2002 begannen die Ausgrabungen und Vermessungen der oberirdisch sichtbaren Anlagen. Der Buntsandstein des Berges ist von einer sandigen Hülle überdeckt, die an der Kuppe nur etwa 20 cm stark ist, am Hang bis zu 70 cm Dicke erreicht. Darüber liegt nur etwa 10 cm

Waldboden, der Spuren intensiver forstwirtschaftlicher
Nutzung zeigt. Der Sand selbst bietet nur sehr schlechte
Erhaltungsbedingungen für organische Reste. Die Über-
lieferung war erwartungsgemäß dürftig.

Zuerst wurde der Raubgräbertrichter und mit ihm ein
großer Teil des ursprünglichen Befundes freigelegt. In der
Füllerde fanden sich mehrere Glasscherben, die zum Rest
einer Wasserflasche »Deutscher Brunnen« zusammenge-
setzt werden konnten – die hatte der Finder am Tatort ge-
leert. In der Grubenwand konnten Spuren des Grabgerätes
entdeckt werden. Leider waren keine weiteren Überbleibsel aus den Griffen der Schwerter zu finden. Es fehlten
auch Hinweise auf Bestattungsreste in Form menschlicher
Knochen. Deshalb gilt die Himmelsscheibe als Teil eines
Hortfundes. Die Lage unmittelbar unter der Oberfläche ist
dafür nicht ungewöhnlich, ebenso wenig wie die Erhaltung
und die zufällige Aufspürung – wir kennen tausende von
Hortfunden aus der Bronzezeit, die ähnliche Merkmale
aufweisen.

Um den Fundplatz zeichneten sich die Reste eines
oberirdisch nur noch schwach sichtbaren Ringwalles von
etwa 160 m Durchmesser ab. Der Wall bestand wohl vor

Als Detail des Befun-
des erkennt man
deutlich das durch
die Wiederverfüllung
dunkel gefärbte
Raubgräberloch.

allem aus Lehm, aufgeschichteten Steinen und vielleicht einer Palisade. Er ist nach und nach auseinander geflossen und in den dahinter liegenden Graben gerutscht. Von der Originalstruktur haben sich nur im Kern etwa 30 cm starke Materialauffüllungen erhalten, die auf einen 3 m breiten und 1,50 m hohen Wall hinweisen, der einen erhaltenen Zugang im Westen hatte. Keramik von der Grabensohle und Holzkohlereste datieren den Ringwall in die vorrömische Eisenzeit (800–500 v. Chr.). Der ganze Bergsporn wird zudem von zwei Abschnittswällen eingefasst. Sie könnten in ihrer ersten Phase bereits zur Zeit der Deponierung bestanden haben. Die ^{14}C-Daten, ermittelt an Holzkohleresten aus dem und unterhalb des Wallkerns, weisen auf eine Datierung zwischen 2039 und 1881 v. Chr. Beide Wallanlagen sind flach und hatten aufgrund der Anordnung ihrer Gräben sowie der landschaftlichen Bezüge kaum einen Befestigungscharakter. Man kann davon ausgehen, dass sie als Grenzen heiliger Bezirke dienten.

Die ausgegrabenen Flächen des Mittelberges (2002–2005) sind dunkel gefärbt.

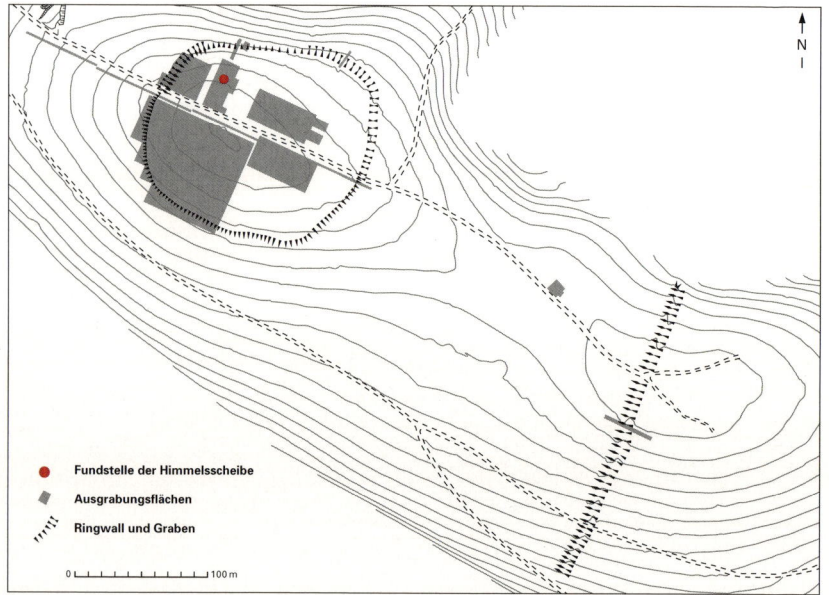

N

Fundstelle der Himmelsscheibe

Ausgrabungsflächen

Ringwall und Graben

0 ‖‖‖‖‖‖‖‖‖‖‖ 100 m

Die Nachbildung der Befundsituation vom Sommer 1999. Die Rekonstruktion basiert auf den Ergebnissen der seit 2002 durchgeführten Ausgrabungen, den Beschädigungen der Scheibe und den Aussagen der Finder. Die Anordnung der umgebenden Steine ist wenig wahrscheinlich.

Dies gilt umso mehr, da auf dem Berg bislang keine eindeutigen Siedlungsspuren entdeckt wurden. Er liegt auch nicht direkt über dem Unstruttal, was eine strategische Bedeutung nahe legen würde. So müssen wir davon ausgehen, dass er vor allem zu kultischen Zwecken aufgesucht wurde. Wie andere Funde vom Bergplateau zeigen, war der Mittelberg spätestens seit dem 5. Jahrtausend v. Chr. begangen und zumindest bis in die Mitte des 1. Jahrtausends v. Chr. immer wieder aufgesucht worden.

Thomas Koiki
ist Grabungstechniker am Landesamt für Denkmalpflege und Archäologie in der Abteilung Bodendenkmalpflege. Er war für die Organisation und Durchführung der Grabungen auf dem Mittelberg zuständig.

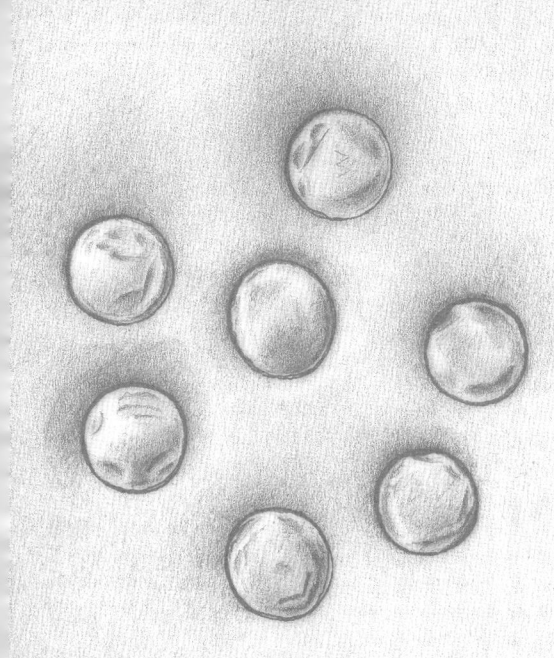

Kapitel 3

Auf den Spuren der Zeit

Neben den beiden Beilen von Nebra (links) ist ein Einzelfund aus Niemica (Woiw. Szczecin, Polen) abgebildet. 1750–1600 v. Chr.

Abbildung Seite 28: Neben den Schwertern von Nebra (links), deren Halbschalengriffe hier von vorn zu sehen sind, steht eine Waffe aus einem Grab ähnlicher Zeitstellung von Sachsenburg (Kyffhäuserkreis, Thüringen) 1700–1600 v. Chr.

Ein Archäologe hat verschiedene Möglichkeiten, das Alter einer unsachgemäß geborgenen Bronze herauszufinden. Zu Beginn vergleicht man den Neufund mit bereits bekannten Artefakten. Da die Himmelsscheibe selbst keinerlei Gegenstück hat, dienten die Beifunde als erste Anhaltspunkte: Schwerter, Beile, Meißel und Armspiralen. Solch einfache Armspiralen wie die von Nebra kennen wir aus vielen Funden der Bronzezeit. Dieser Armschmuck war lange Zeit gebräuchlich und taugt deshalb nicht für eine

Der Nebraer
Meißel (links) findet
einen Verwandten
in Landau (Pfalz).
2000–1600 v. Chr.

genauere Zeitbestimmung. Die Beile dagegen gehören
zur Gruppe der »Randleistenbeile mit leichter Rast« –
einer für das Ende der Frühbronzezeit um 1600 v. Chr.
typischen Form im unteren Elbe- und Odergebiet. Knick-
randmeißel wie der von Nebra sind ebenso charakteris-
tische Typen dieser Zeit. Die Schwerter bilden nach ihrer
Form eine Eigenschöpfung, eine Mischung aus südost-

und nordeuropäischen Elementen, wie wir sie in einigen weniger kostbaren Waffen aus Deutschland zwischen 1700 und 1500 v. Chr. kennen.

Eine zuverlässige naturwissenschaftliche Datierungsmethode, um das Alter der Bronze zu bestätigen, gibt es nicht. Man kann nur zwischen modernem und altem Metall unterscheiden. Diese Unterscheidung beruht darauf, dass die meisten Metalle wie Kupfer nach ihrer Verhüttung schwach radioaktiv sind. Die Radioaktivität stammt von dem in der Natur vorkommenden radioaktiven Blei ($210\,Pb$) und kann noch etwa 100 Jahre nach der Verhüttung nachgewiesen werden. Die bronzene Himmelsscheibe enthält keine messbare Radioaktivität und muss demnach älter sein. Dafür sprechen auch die chemische Zusammensetzung des Metalls und die grobe, über sehr lange Zeit gewachsene Struktur der Korrosionsschicht.

In den Schwertgriffen von Nebra fanden sich Reste von Birkenrinde aus dem 16.–15. Jh. v. Chr. Ihr Alter konnte mit Hilfe der Radiocarbonmessung und Kalibrierung recht genau bestimmt werden. Es gibt nun keinen Zweifel mehr am Alter des Fundes.

Ernst Pernicka
ist Professor für Naturwissenschaftliche Archäologie (Archäometrie/ Archäometallurgie) am Institut für Ur- und Frühgeschichte und Archäologie des Mittelalters der Universität Tübingen und Leiter des Curt-Engelhorn-Zentrums für Archäometrie bei den Reiss-Engelhorn-Museen in Mannheim. Er untersuchte Alter, Zusammensetzung und Herkunft der Metalle des Nebraer Fundes.

Birkenrinde aus dem
Griff eines Schwertes
von Nebra

Bei starker Vergröße-
rung erkennt man
deutlich die großen
Kristalle der Korro-
sion auf der Him-
melsscheibe, die
einen sehr langen
Zeitraum zum
Wachsen brauchen
(links). Eine Auf-
nahme künstlich
erzeugter Korrosion
(rechts) zeigt deutlich
feinere Strukturen.

33

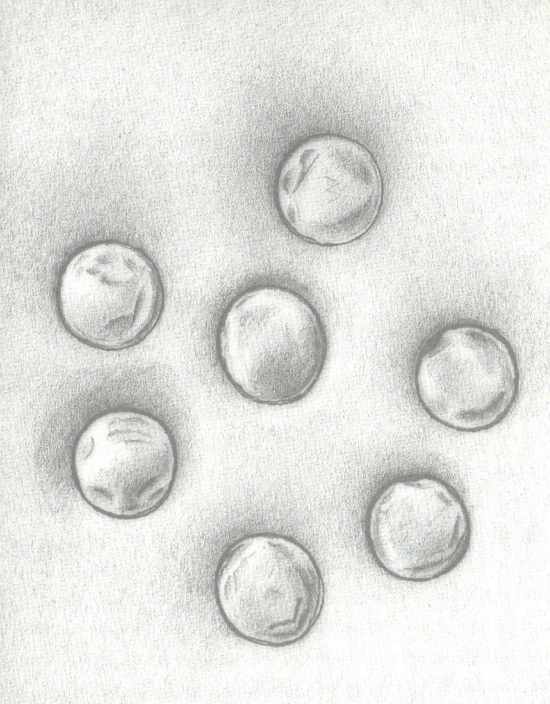

Kapitel 4

Vom Kupfererz
zum Himmelsbild

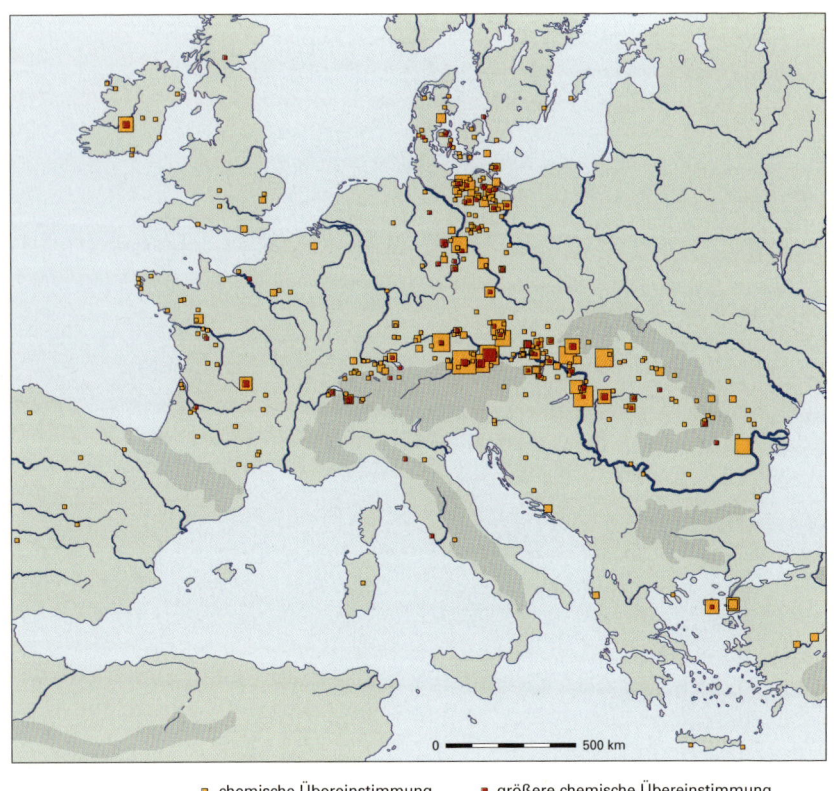

□ chemische Übereinstimmung   ■ größere chemische Übereinstimmung

**Verbreitung bronzezeitlicher Metallfunde mit ähnlicher Spurenelement-
zusammensetzung wie die Himmelsscheibe (nach Pernicka)**

Alles deutet darauf hin, dass die Himmelsscheibe und die
übrigen Bronzen aus dem Hort in Mitteleuropa hergestellt
worden sind. Das in der Legierung verwendete Kupfer
aller Objekte stammt aus einer Quelle, vermutlich dem
Ostalpenraum. Dort gab es um 1600 v. Chr. mehrere Kup-
ferbergwerke, das größte von ihnen war am Mitterberg
(Österreich). Tatsächlich findet sich Kupfer aus dem Ostalpenraum bis nach Südskandinavien verbreitet, denn dort
war man mangels eigener Rohstoffvorkommen vollkom-
men auf die Einfuhr auswärtigen Metalls angewiesen.

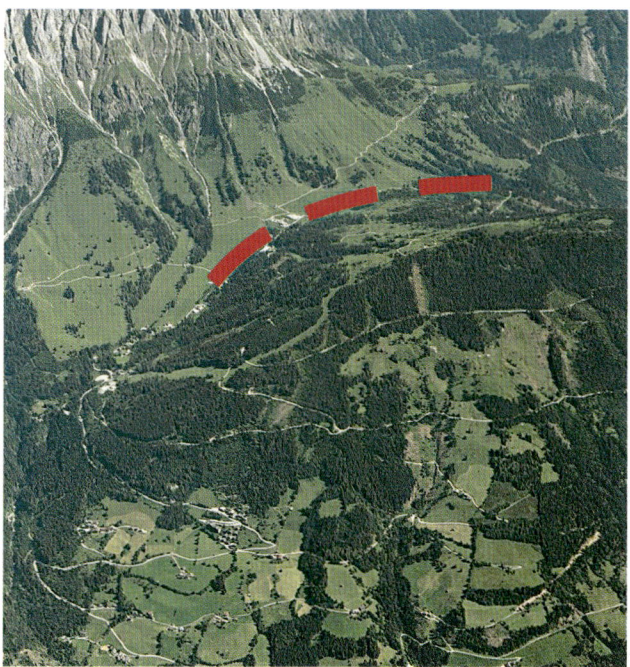

Das bronzezeitliche Bergbaugebiet am Mitterberg bei Bischofshofen im Salzburger Land: Die rote Linie markiert den Verlauf des Hauptganges, der bis zu einer Tiefe von 200 m abgebaut worden war. Man schätzt die Gesamtproduktion während der Bronzezeit hier auf mehr als 20.000 Tonnen. Legt man die Menge der uns überlieferten Funde zu Grunde, könnte bei einer angenommenen Jahresförderung von rund 30 Tonnen von hier aus zwischen 1700 und 1000 v. Chr. der gesamte Kupferbedarf Mittel- und Nordeuropas gedeckt werden.

Wir gehen davon aus, dass man in der Bronzezeit Gold auf zwei Wegen gewonnen hat: bergmännisch und durch Auswaschen aus Flussschlamm. Die Goldauflagen der Himmelsscheibe bestehen mit Ausnahme des für die Barke verwendeten Bleches aus einem sehr silberreichen Gold mit Spuren von Zinn. Derartiges Gold ist in zahlreichen vorgeschichtlichen Funden aus Siebenbürgen überliefert.

Wir kennen große Mengen Bronzefunde aus dem 3. und 2. Jahrtausend v. Chr. in Europa, aber nur sehr wenige Zeugnisse des Gieß- und Schmiedehandwerks. Vom

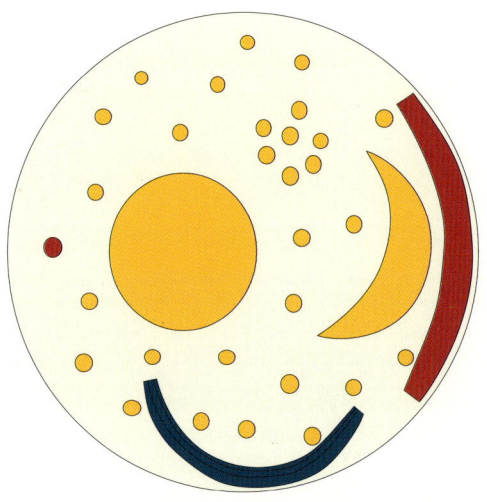

Beginn der Bronzezeit sind in Mitteldeutschland nur wenige kleine Tondüsen überliefert, aber weder Ofenreste
noch Gussformen oder Werkzeuge wie Hammer und Am-
boss. Das einzige häufiger erhaltene mögliche Werkzeug
zur Metallbearbeitung sind kleine Meißel wie jener, der
auch zum Fund von Nebra gehört.

Die Bronzemanufaktur stand bereits in der Frühbronzezeit fernab der Lagerstätten auf einem Höhepunkt, was die
handwerkliche Meisterschaft vieler herausragender Objekte beweist. Alle bei der Herstellung der Scheibe und der
übrigen Bronzen verwendeten Techniken und Materialien
sind aus der Bronzezeit bekannt. Anhand jüngerer Be-
funde und Experimente können wir die Herstellung von
Bronzeartefakten gut nachvollziehen, vom Einschmelzen
des Metalls in einem Tiegel, das Holzkohlefeuer angefacht
durch einen Blasebalg, über den anschließenden Guss in
Ton- oder Steinformen bis zur Bearbeitung des Endpro-
duktes mit Schleifsteinen. Der letzte Schritt, die Bearbeitung der Oberfläche, wurde mit großer Sorgfalt und ho-
hem Aufwand betrieben. Diese Endmanufaktur bildet die
Stärke des bronzezeitlichen Metallhandwerks, das sehen

wir auch anhand des Fundes von Nebra, denn die Untersuchung der Schwerter ergab, dass sich in ihrem Innern
eine ganze Reihe von beim Guss entstandenen Luftblasen
befanden, besonders an den dicksten Stellen.

Die Himmelsscheibe ist nicht ganz rund, ihr Durchmesser schwankt zwischen 31 und 32 cm. Die Dicke nimmt von
innen nach außen ab, von 4,5 mm auf 1,5 mm. Die Scheibe

**Rekonstruktion der
Bronzeherstellung**
Bild: © Karol Schauer

39

wog nach ihrer Reinigung 2050 g. Die 37 Goldauflagen haben eine Dicke von je ungefähr 0,4 mm. Die Himmelsscheibe wurde aus einem gegossenen Fladen von etwa 20 cm Durchmesser und 1,0–1,5 cm Dicke kalt geschmiedet. Auf der Rückseite sind die Spuren des Aushämmerns deutlich zu sehen.

Die Goldbleche wurden auf recht einfache Art auf der Bronzescheibe befestigt. Man hat der gewünschten Form entsprechend Kanäle in die Bronze eingeprägt und zwar so, dass sie die Bronze schräg nach außen unterschneiden. In die so entstandene Rille wurden die Bleche dann eingeschoben. Die kleinen Wälle, die durch diesen Materialeinschub entstanden waren, wurden danach wieder flach gehämmert, so dass das Blech festklemmte. Betrachtet man die Wälle um die Goldpunkte genau, fällt auf, dass sie sich in zwei Fällen sehr deutlich hervorwölben – bei dem obersten Stern im Norden und dem später versetzten Stern.

Ein Experiment bewies, dass diese mangelnde Perfektion entsteht, wenn man die Technik zum ersten Mal ausführt. Das spricht dafür, dass der unperfekte Stern am Rand der Scheibe der erste war, der verarbeitet worden ist. Damit hatte man das Bild begonnen. Beim versetzten

Nachdem das Goldblech in der dafür vorgesehenen Rille befestigt war, verschloss man sie und klemmte das Blech so fest.

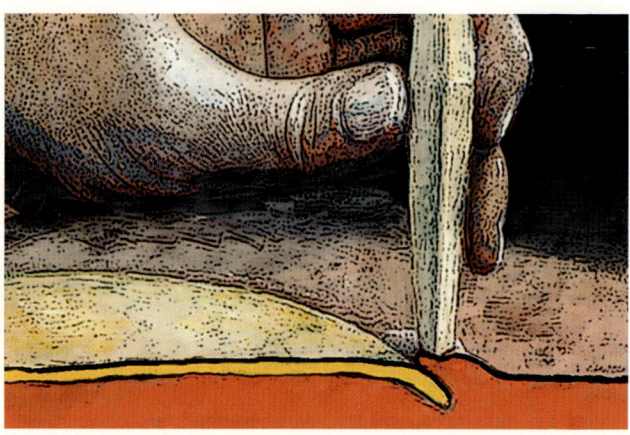

Erster Stern mit Wulst und
glatter Stern daneben

Detailaufnahme mit offen liegenden Tauschierrillen des Horizont-
bogens. Der Unterschied in der
Ausführung der Rillen von Vollmond (vor der Restaurierung) und
Horizontborgen ist deutlich zu
sehen. Die Horizonte zeigen uns
die Handschrift eines anderen
Handwerkers als die Spuren der
Urscheibe. Der Stern ist versetzt
worden, bevor der Randbogen
hinzukam (siehe oben).

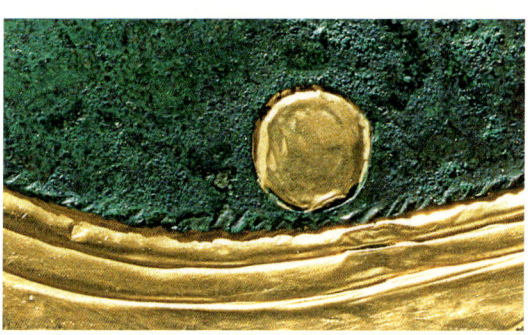

Detailaufnahme von Barke und
angrenzendem Stern. Die Fiederung der Barke weicht dem nahe
liegenden Stern deutlich aus.

Stern handelte ein neuer Handwerker, der mit denselben Problemen zu kämpfen hatte. Es ist anzunehmen, dass die Personen, die die Himmelsscheibe herstellten und später änderten, zuvor noch keine vergleichbare Goldarbeit angefertigt hatten.

Die letzte Bearbeitung der Himmelsscheibe war die rundum verlaufende Lochung. Sie nimmt keine Rücksicht auf das Bild. Obwohl die Löcher auf den ersten Blick recht symmetrisch aussehen, sind sie nicht in regelmäßigem Abstand zueinander angelegt. Nimmt man die Vorderseite der Scheibe unter die Lupe, ist klar zu sehen, dass die Löcher von vorne eingeschlagen wurden. Das Goldblech der Barke zieht ein wenig in die Löcher ein, die Fiederung ist an dieser Stelle deutlich beschädigt.

Die Himmelsscheibe wird heute in einer restaurierten Fassung ausgestellt – das von den Raubgräbern abgerissene Goldblech wurde ergänzt, der fehlende Stern wieder aufgesetzt. Die Spuren der Fundgeschichte sind aber nur teilweise repariert: Das Gold bleibt zerkratzt, der Riss am Oberrand erhalten. Auch die grüne Farbe der Korrosion nach der langen Lagerung im Boden bleibt unverändert. Sie gehört untrennbar zur Geschichte des Fundes.

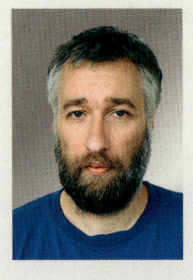

Christian-Heinrich Wunderlich
ist Chemiker und Leiter der Restaurierungswerkstätten des Landesamtes für Denkmalpflege und Archäologie. In seinen Händen lag die Restaurierung der Nebraer Bronzefunde. Er untersuchte die Beschädigungen und rekonstruierte die Herstellung der Himmelsscheibe.

rechte Seite oben:
So könnte die Himmelsscheibe früher ausgesehen haben:
Die polierte Oberfläche der Bronzescheibe erschien in einer dunklen Patina, von der sich das Gold eindrucksvoll abhob.

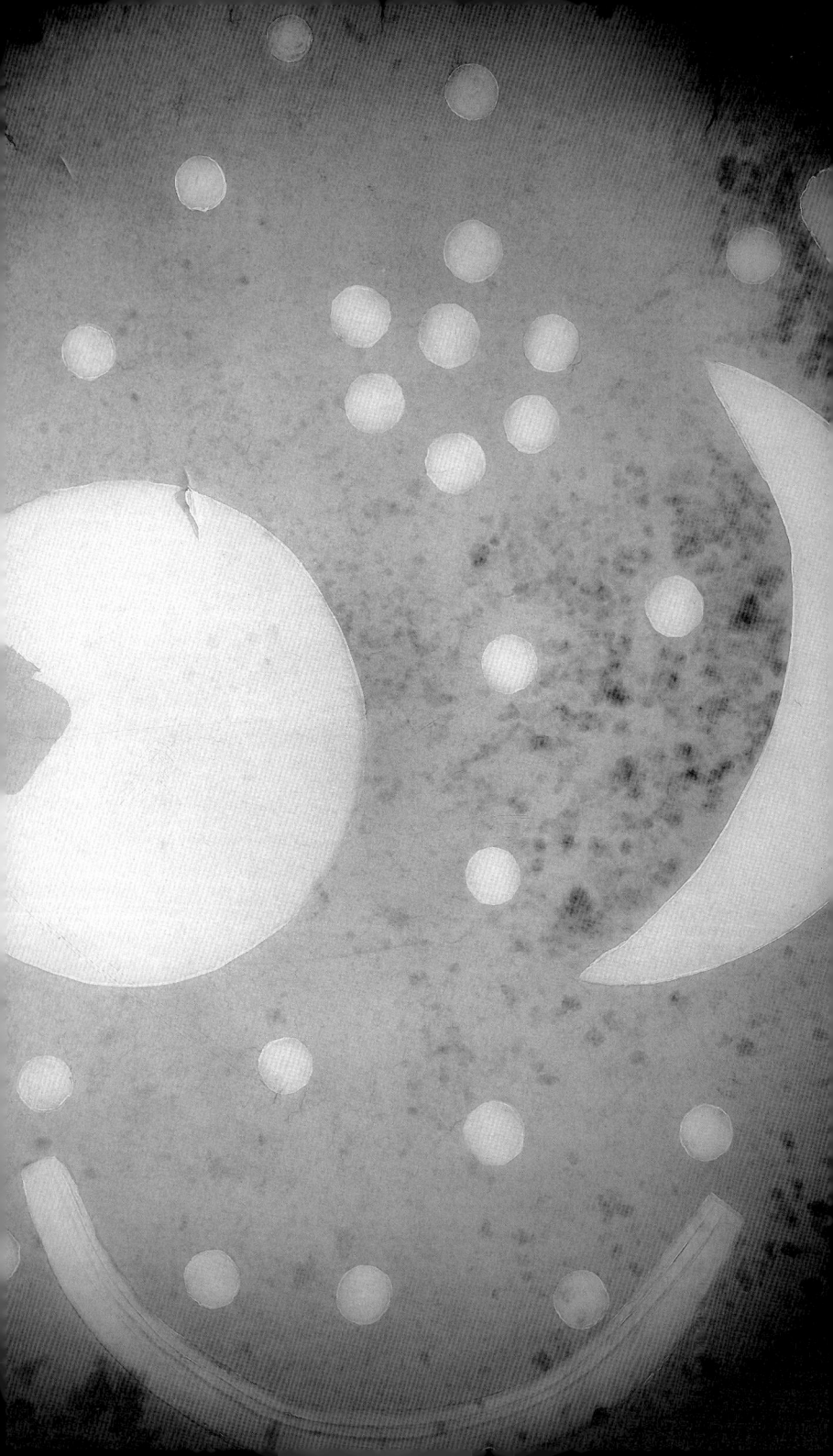

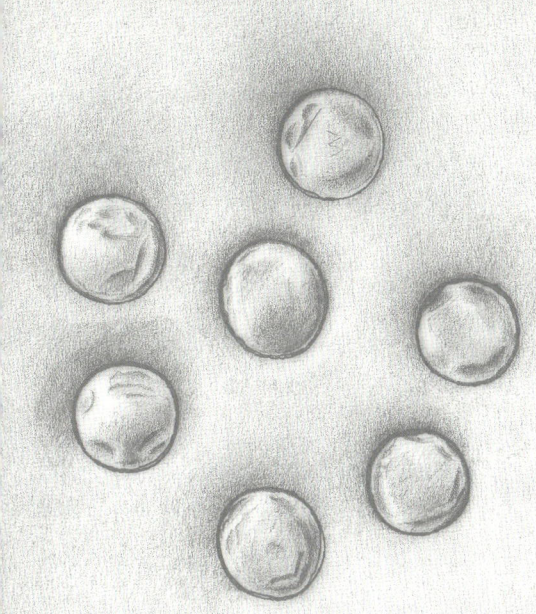

Kapitel 5

Die Biographie

Die Himmelsscheibe von Nebra erzählt uns eine eigene Geschichte. Die Herstellungs- und Benutzungsspuren, die verwendeten Materialien und die Anordnung der Bildelemente lassen eine deutliche Biographie erkennen.

Wir wissen nicht, wann die Himmelsscheibe hergestellt wurde und wieviel Zeit zwischen den Veränderungen vergangen ist. Am Ende wird die kostbare Bronze vergraben. Man stattet sie aus wie einen Fürsten, mit Gold verzierten Waffen, Werkzeug und Schmuck. Die Zeit der Himmelsscheibe und ihrer Botschaft war vergangen. Man verstand sie nicht mehr oder man wollte sie und ihre Schöpfer der Vergessenheit Preis geben.

Phase 1
Kalendersterne am Nachthimmel

Am Anfang war die Bronzescheibe mit den kleinen Goldpunkten, der Sichel und dem Kreis ausgestattet. Die Punkte sind sorgsam in recht regelmäßigen Abständen voneinander platziert. Ihre Verteilung zeigt zwei Auffälligkeiten. Zum einen erscheint zwischen Sichel und Kreis eine Ansammlung von sieben Punkten. Zum anderen zeigen die Goldpunkte einen deutlichen Abstand zu Kreis

Die Stellung der Plejaden 1600 v. Chr. im März und Oktober in Mitteldeutschland.

und Sichel. Wir sehen also einen Nachthimmel mit 32 Sternen, dem Voll- und dem Sichelmond.

Der Sternenhaufen zeigt die Plejaden. Sie werden in verschiedenen alten Kulturen auf der ganzen Welt als Kalendersterne erwähnt. Ihr Verschwinden im März und Oktober kann als Beginn und Ende des bäuerlichen Jahres in Europa gelesen werden. In der frühen Bronzezeit waren um den 10. März die Plejaden vom Mittelberg aus in der Abendröte an der Seite des jungen Neumondes zum letzten Mal sichtbar. Ihr Wiedererscheinen am Morgenhimmel

Das Neulicht signalisiert als sehr schmale Sichel den Beginn des neuen Monats. Die dicke Mondsichel auf der Himmelsscheibe zeigt aber keinen schmalen Neumond, sondern ein vier oder fünf Tage altes Gestirn.
Bild: © Karol Schauer

47

Das Mondjahr ist kürzer als das Sonnenjahr. Nach drei Jahren ergibt sich eine Differenz von 33 Tagen. Um Mond- und Sonnenjahr wieder auszugleichen, muss man jedes dritte Jahr einen Monat einfügen.

um den 17. Oktober konnte hingegen der Vollmond begleiten. Auf der Himmelsscheibe sind die Plejaden eingeschlossen zwischen Märzsichel und Oktobervollmond – Konstellationen, wie man sie vor 3600 Jahren auf der geographischen Breite sehen konnte, auf der auch Mitteldeutschland liegt.

Doch der Nachthimmel verbirgt noch mehr: Vielleicht verschlüsselt das Bild eine Schaltregel, die es ermöglicht, Sonnen- und Mondjahr in Einklang zu bringen.

Für die erste Ordnung der Zeit nutzte man die Rhythmen des Himmels. Die Sonne kann Tag und Jahr vorgeben, der Mond Monat und Woche. Das Sonnenjahr ist elf Tage länger als das Mondjahr. Man braucht eine Regel, um einen Einklang zu erreichen. Die erste schriftliche Niederlegung einer Schaltregel, die auf der Stellung der

Rahlf Hansen
ist Astronom am Planetarium Hamburg. Ihm ist es gelungen, die Codes der Angleichung von Sonnen- und Mondjahr auf der Himmelsscheibe zu erklären. Er deutete das Bild als Illustration einer Schaltregel, die später in Keilschrifttexten aus Babylon (8. Jh. v. Chr.) schriftlich festgehalten worden ist.

Plejaden beruht, findet sich im 7./6. Jh. v. Chr. in einem babylonischen Keilschrifttext. Sie besagt, dass man einen Schaltmonat einfügen muss, wenn im Frühlingsmonat kein Neulicht, sondern eine ein paar Tage alte Mondsichel neben dem Siebengestirn erscheint. Genau dieses Bild finden wir auf der Himmelsscheibe. Aber es gibt noch ein weiteres Signal für den Schaltmonat: Es müssen 32 Tage seit dem Neulicht des Monats vor dem Frühlingsmonat vergehen, bis der Mond bei den Plejaden steht. Auf der Himmelsscheibe sind genau 32 Sterne versammelt. Die Schaltregel ist so zweimal verschlüsselt dargestellt.

Der Scheibenmittelpunkt (M) liegt etwas unterhalb des Kreuzungspunktes der Ver-bindungsgeraden der Enden der Horizontbögen (AC/BD). Der obere Winkel (CD) ist 5–6 Grad kleiner als der untere Winkel (AB). Diese Abweichung entspricht dem vom Menschen wahrgenommenen Unterschied der Sonnenauf- und -untergänge. Das be-deutet auch, dass wir die Himmelsrichtungen auf der Scheibe wiederfinden können: Norden ist oben und Süden unten.

Phase 2
Der Lauf der Sonne

In der nächsten Phase befestigte man am Rand der Himmelsscheibe zwei Goldbögen, einander gegenüber liegend. Einer davon fehlt heute, ist aber durch eine deutliche Befestigungsrille vorgezeichnet. Der Stern daneben war vor der Befestigung des Bogens versetzt worden, Reste des Goldes sind sichtbar. Unter dem noch erhaltenen Bogen zeichnet sich deutlich das Relief zwei weiterer Sterne ab. Beide Sterne wurden vor der Anbringung des Bogens entfernt.

An den Bögen fällt auf, dass der von ihren Enden über Kreuz gespannte Winkel deutlich geringer als 90 Grad ist. Er misst nur 82–83 Grad und dieser Wert liegt klar außerhalb einer Fertigungstoleranz für einen rechten Winkel. Allein deswegen kann man die Bögen nicht als bloße Verzierungselemente betrachten. Sie verweisen auf die Bahnen der Auf- und Untergangspunkte der Sonne im Jahreslauf. Der rechte Bogen bezeichnete die Sonnenaufgänge, der linke verlorene entsprechend die Sonnenuntergänge. Man konnte folglich den 21. Juni und den 21. Dezember auf der Scheibe markieren.

Wolfhard Schlosser
ist Astronom. Er war Projektleiter und Mitglied des wissenschaftlichen Beirates der Zweiten Deutschen Spacelab-Mission und ESA-Beauftragter für die Internationale Raumstation (ISS), im Beirat des Gründungsausschusses der Deutschen Südpolstation und ist Mitbegründer der Société Européene pour l'Astronomie dans la Culture (SEAC). Wolfhard Schlosser leitete die Untersuchungen zur astronomischen Deutung der Himmelsscheibe.

Phase 3
Ein Schiff am Horizont

Auf der Himmelsscheibe von Nebra findet sich eine Gold-
applikation, die sich von den übrigen deutlich unterschei-
det: der gerillte Goldbogen am unteren Rand. Das Gold
schimmert in einem anderen Farbton. Das Blech ist stärker
gekrümmt als die Horizontbögen. Es wirkt wie zwischen
die Sterne gezwängt, als passe es nicht in das ursprüng-
liche Bild. Der Bogen ist nicht symmetrisch angebracht,
sondern leicht verkippt. Auch seine Verzierung ist ungewöhnlich: Auf dem Körper sind Rillen angebracht und eine
Fiederung spart die Schmalseiten aus, säumt aber oben
und unten die Längsseiten des Bogens. Diese Fiederung
kann zwar vom Festklemmen des Bleches herrühren, doch
da sie nicht überarbeitet wurde, muss sie als ein bewuss-
tes Hervorheben des Goldbogens aufgefasst werden.

Das Schiff am Horizont ist das einzige Element des Himmelsbildes, das die
Astronomen nicht plausibel deuten können. Als vom Menschen erdachtes Symbol
sollte es wohl die Reise der Sonne erklären.

Bislang war die Gravur auf dem Schwert von Rørby (Seeland, Dänemark)
die älteste bekannte Schiffsdarstellung in Nord- und Mitteleuropa.
Der Fund besteht aus zwei Krummschwertern, nur eines ist verziert.
16. Jh. v. Chr. (Original im Nationalmuseum Kopenhagen)

Ähnliche Strichreihen sind von Schiffsdarstellungen aus
der Bronzezeit gut bekannt. Sie werden häufig als Ruder
oder Besatzung gedeutet.

Dieses Goldblech kann man mit keinem Himmels-
phänomen erklären. Nach seiner Form und Verzierung
können wir es als Schiff deuten, als eine Himmelsbarke,
die – wohl von Menschen angetrieben – am Horizont
entlang fährt.

Die Idee eines Himmelsschiffes ist in Schrift und Wort
vor der Zeit des Fundes von Nebra nur aus Ägypten bekannt. Direkte Kontakte zwischen Nord und Süd lassen sich
aus dem Fundgut jedoch nicht ablesen. Einen vergleich-
baren Mythos der Sonnenreise finden wir später in Bild-
zeugnissen des westlichen Ostseeraumes und im Symbol
der Vogelsonnenbarke in Mitteleuropa.

Einzelne Zeichen dieser bronzezeitlichen Bildersprache
erscheinen im Mittelmeerraum, in Südosteuropa, aber

rechte Seite:
Eine der Bootsdarstellungen aus dem Grab des
Sennefer, Bürgermeister von Theben (Ägypten).
Bananenform und Plankengliederung erinnern
an das Himmelsschiff von Nebra. 15. Jh. v. Chr.

Schiffsdarstellungen auf Rasiermessern aus Jütland, Neder Hvolris, Vandling und Roskilde-Egnen, Dänemark 12.–10. Jh. v. Chr. (Originale im Moesgård Museum Højbjerg und im Nationalmuseum Kopenhagen)

Das Schiff wird in der späteren Bronzezeit das wichtigste Symbol im Ostseeraum. Vor allem Felsbilder, aber auch die Darstellungen auf Hunderten von Rasiermessern aus Dänemark und Norddeutschland erzählen vom Mythos der Sonnenreise durch Tag und Nacht. Jedes Messer, jede Zier ist einzigartig, dennoch folgen alle bestimmten Grundregeln. Die Sonne reist per Schiff über den Himmel – mit Hilfe von Pferd, Fisch, Schlange oder Vogel.

3

4

1. Wir deuten eine Szene auf dem Messer als Tagesanbruch. Das obere Schiff fährt nach rechts, es kann als Morgenschiff gelten. Ein Fisch zieht die Sonne, ihrem Aufgang folgend, nach oben in Richtung dieses Schiffes. Darunter findet sich ein nach links fahrendes Schiff: das Nachtschiff.

2. Ein Pferd zieht die Sonne aus einem Schiffsrumpf hervor. Man kann es als das Sonnenpferd deuten, das um die Mittagszeit die Sonne aus dem Morgenschiff übernimmt.

3. Ein Pferd landet auf einem Schiff. Dieses Bild stellt wohl die Übergabe der Sonne durch das Pferd vom Morgenschiff an das Schiff dar, das am Nachmittag über den Himmel fährt.

4. Auf diesem Messer übernimmt eine Schlange gegen Abend die Sonne vom Nachmittagsschiff. Sie scheint hier in den Windungen der Schlange verborgen zu sein. Das Tier begleitet die Sonne zu ihrer nächtlichen Reise in die Unterwelt.

auch nördlich der Alpen schon in der ersten Hälfte des
2. Jt. v. Chr.; zu ihnen zählt auch die Barke auf der Himmelsscheibe. Die Himmelsscheibe von Nebra bildet somit den
ältesten Nachweis eines vielschichtigen mythischen
Weltbildes in Europa.

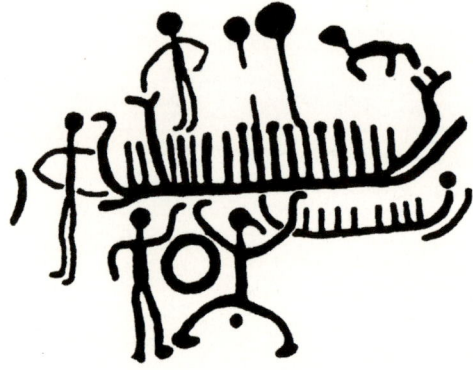

**Der Felsbildstein von Engelstrup (Seeland, Dänemark) zeigt wohl das
Abbild einer Kultzeremonie: Die Besatzung des größeren Schiffes mit
Pferdekopfsteven trägt Standarten mit Sonnenscheiben. Die Figur links
scheint das Schiff zu schieben. Das kleine Schiff fährt in dieselbe Rich-
tung. Das Paar darunter, wohl Frau und Mann, tanzt um ein weiteres
Sonnensymbol, vielleicht auch um die Sonne selbst. 12.–6. Jh. v. Chr.
(Original im Nationalmuseum Kopenhagen)**

Flemming Kaul
ist Kurator der Prähistorischen Abteilung des
Nationalmuseums Kopenhagen. Sein Hauptfor-
schungsgebiet ist das Symbolgut der Nordischen
Bronzezeit.
*»Das Schiff ist das wichtigste Symbol der Bild-
welt des Nordens in der frühen Bronzezeit. Die
Himmelsscheibe beweist, dass schon vor 3600
Jahren mit diesem Symbol fern vom Mittelmeer
komplexe Mythen verknüpft wurden.«*

Viele Jahrtausende herrschte die Meinung, dass sich über die Erde ein Himmelsge-
wölbe spannt, an das die Sterne geheftet sind. Mythen verschiedener Kulturkreise
erzählen davon. Auch die Himmelsscheibe lässt sich als Kuppel denken. Der
menschliche Gesichtskreis wird durch die Horizonte begrenzt – die mythische
Schwelle, die die Himmelsbarke trägt. Das Schiff fährt im Süden zwischen den
Horizonten, trägt vielleicht den Mond oder die Sonne. Es kann tags und nachts
fahren, die Krümmung deutet allerdings auf einen Bug, der nach links weist –
eine Reise durch die Unterwelt bei Nacht?
Bild: © Karol Schauer

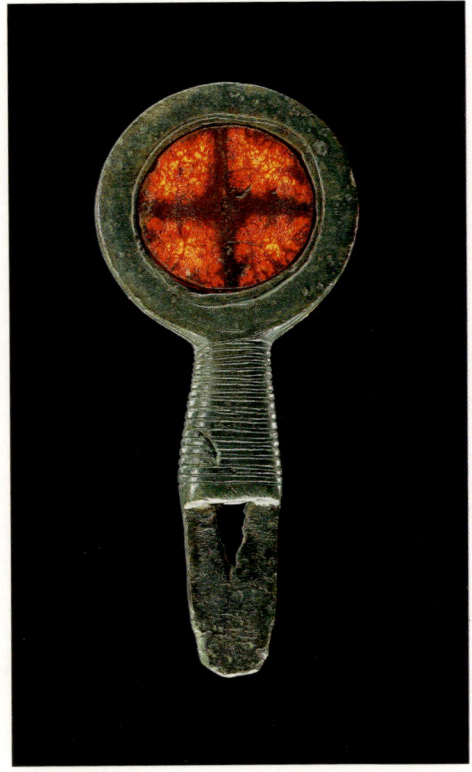

Die Miniaturstandarte aus Dänemark trägt eine Sonnenscheibe aus Bernstein. Hält man die transparente Scheibe gegen das Licht, so erscheint ein Kreuz. Die Scheibe ist in einem Rahmen aus Bronze fixiert, Rillen auf dem Befestigungsstab deuten wohl auf Schnüre hin, mit denen die echte Scheibe an einer Tragestange befestigt war. Dieses kleine Modell zeigt, wie größere Kultscheiben verwendet worden sein könnten.
Jütland, Dänemark, genauer Fundort unbekannt, 12.–6. Jh. v. Chr. (Original im Nationalmuseum Kopenhagen)

Phase 4
Das Sonnenbild als Kultstandarte

In einem nächsten Schritt, vermutlich viel später, wurde der Rand der Bronze rundum brutal durchlocht. Diese Perforation zeugt von einer geringen Wertschätzung des Bildwerkes. Damit änderte sich die Verwendung der Himmelsscheibe. Befestigt auf einem Träger wurde sie vielleicht als Standarte getragen. Von den bronzezeitlichen Felsbildern des Nordens kennen wir eine große Zahl Scheiben, Ringe und Radkreuze, die offenbar als Standarten getragen worden sind. Diese Praxis der Kultausübung ist uns auch aus antiken Hochkulturen überliefert.

Phase 5
Die Niederlegung des Bronzeschatzes

Die Himmelsscheibe von Nebra wurde vor 3600 Jahren
sorgfältig mit anderen ausgewählten Bronzen deponiert.
Alles deutet darauf hin, dass ein Horizontbogen bereits in
antiker Zeit entfernt wurde, wohl vor der Deponierung.
Man trennte die Scheibe offensichtlich auch von ihrem
Trägermaterial, denn Reste einer durch die Löcher geführ-
ten Befestigung ließen sich nicht nachweisen. Auch für
Beile und Meißel fanden sich keine Halterungsreste. Eine
solche Behandlung von Bronzegerät kennen wir aus den
Metallniederlegungen gut, die aus der Bronzezeit von der
Atlantikküste bis zum Schwarzen Meer und von Südschwe-
den bis zum Mittelmeer überliefert sind.

Diese Hortfunde sind Zeugen des religiösen Brauch-
tums. Sie zeichnen sich durch strenge Festlegungen aus,
was wie geopfert werden sollte. Abhängig von Zeit und
Raum können wir wiederkehrende Muster in den Schatz-
funden entdecken: bevorzugte Bronzen, festgelegte
Zusammenstellungen und immer wieder aufgesuchte
Orte der Niederlegung.

**Verbreitung der
Metallhortfunde
zwischen Mittel-
gebirge und Ostsee
2200–1800 v. Chr.
(nach Sommerfeld)**

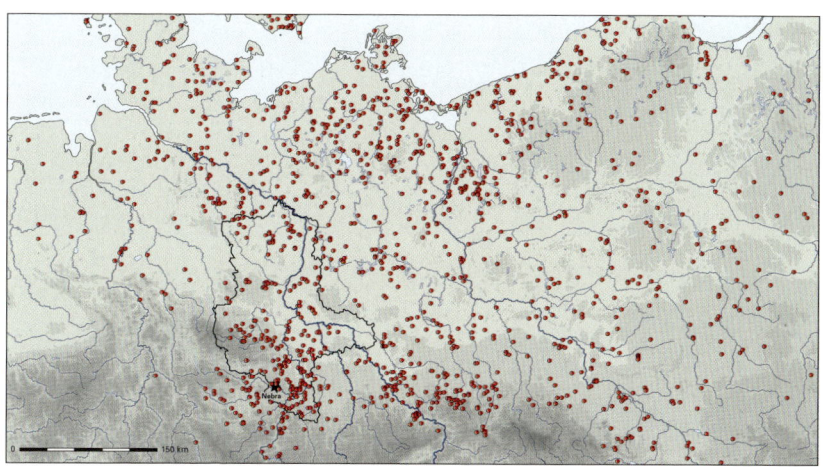

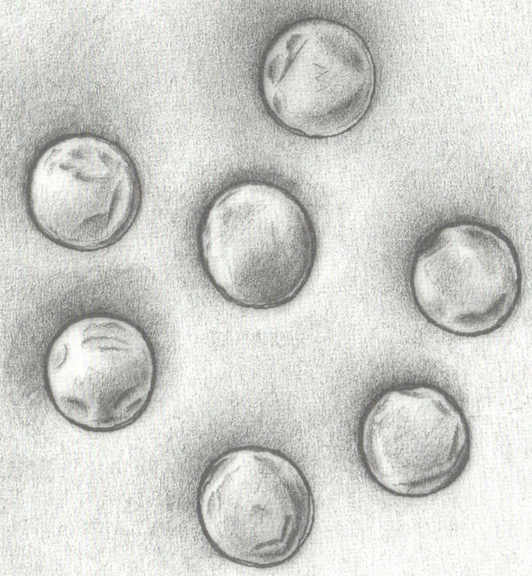

Kapitel 6

Die Zeit der Himmelsscheibe

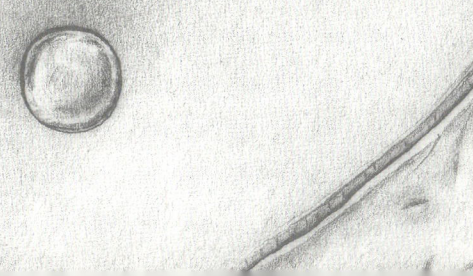

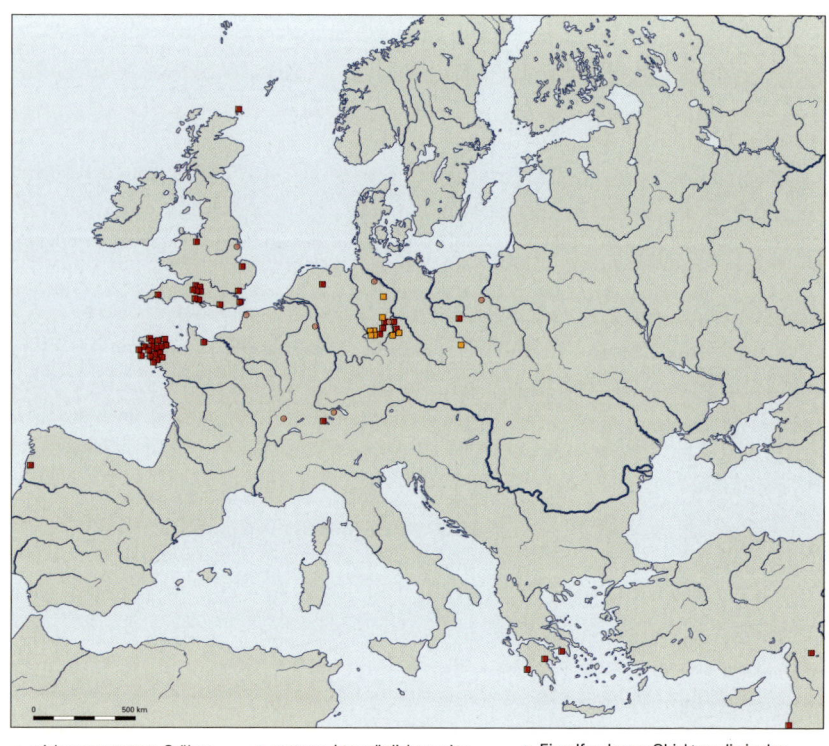

reich ausgestattete Gräber (ca. 2000–1500 v. Chr.)

ausgeraubte möglicherweise bronzezeitliche Großgrabhügel

Einzelfunde von Objekten, die in der Regel aus reichen Gräbern stammen

Verbreitung der Fürstengräber in Europa

Die Zeit, in der die Himmelsscheibe auf dem Mittelberg vergraben wurde, ist für uns immer noch eine rätselhafte Epoche. Nur wenige Funde sind überliefert, vielleicht war die Bevölkerungszahl sehr gering. Alles weist darauf hin, dass die bäuerlichen Gemeinschaften an Saale und Unstrut einen Umbruch erlebten. Ein etwa 700 Jahre währender Kulturkreis scheint in Auflösung begriffen gewesen zu sein. Es gibt aber keine Hinweise auf ein gewaltsames Ende.

rechte Seite: Beigaben aus dem Grabhügel von Leubingen, Landkreis Sömmerda, Thüringen; um 1942 v. Chr. Die genaue Datierung war durch die Jahrringsauszählung der in der Totenhütte verbauten Hölzer möglich. (Originale im Landesmuseum für Vorgeschichte Halle)

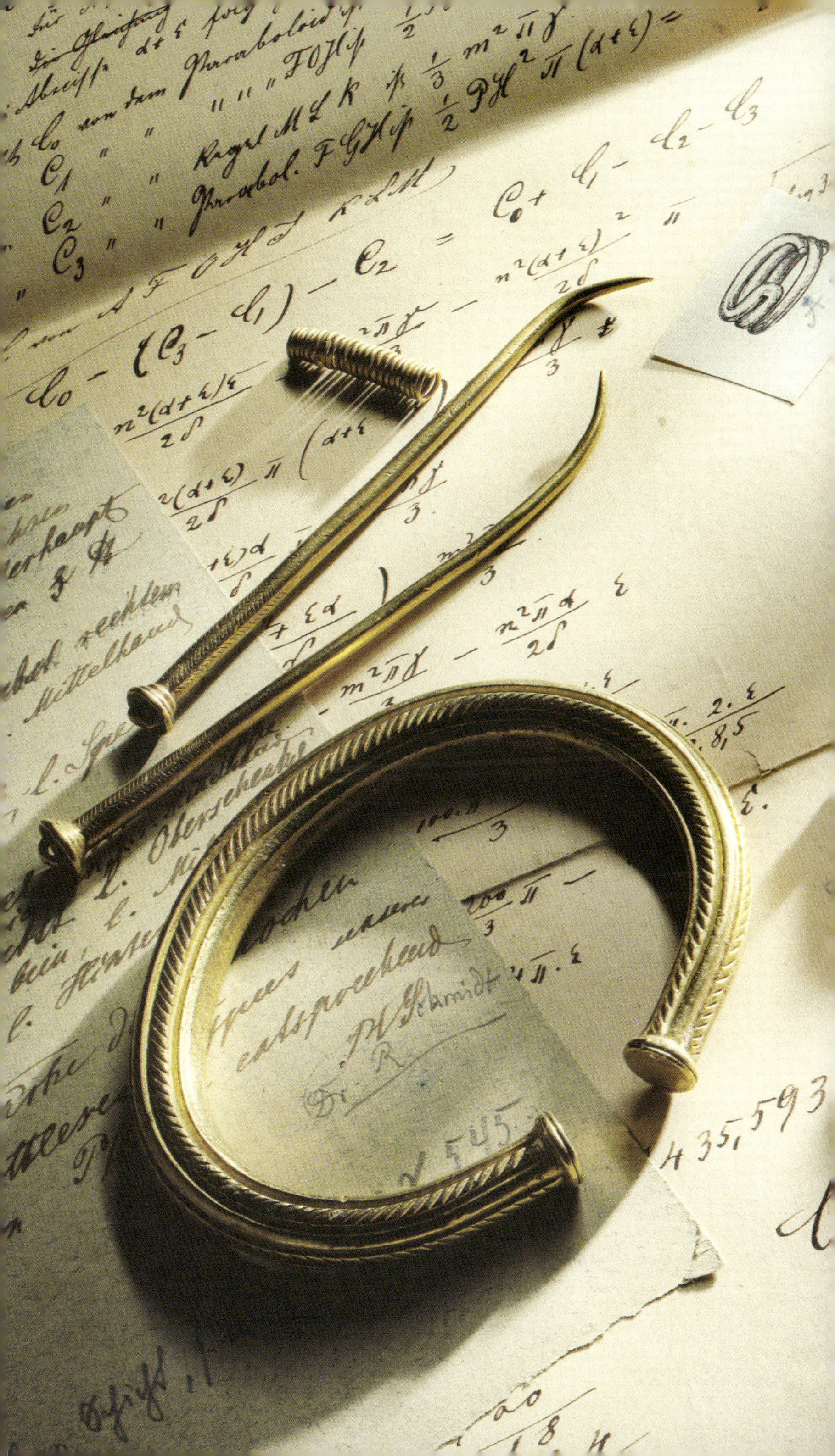

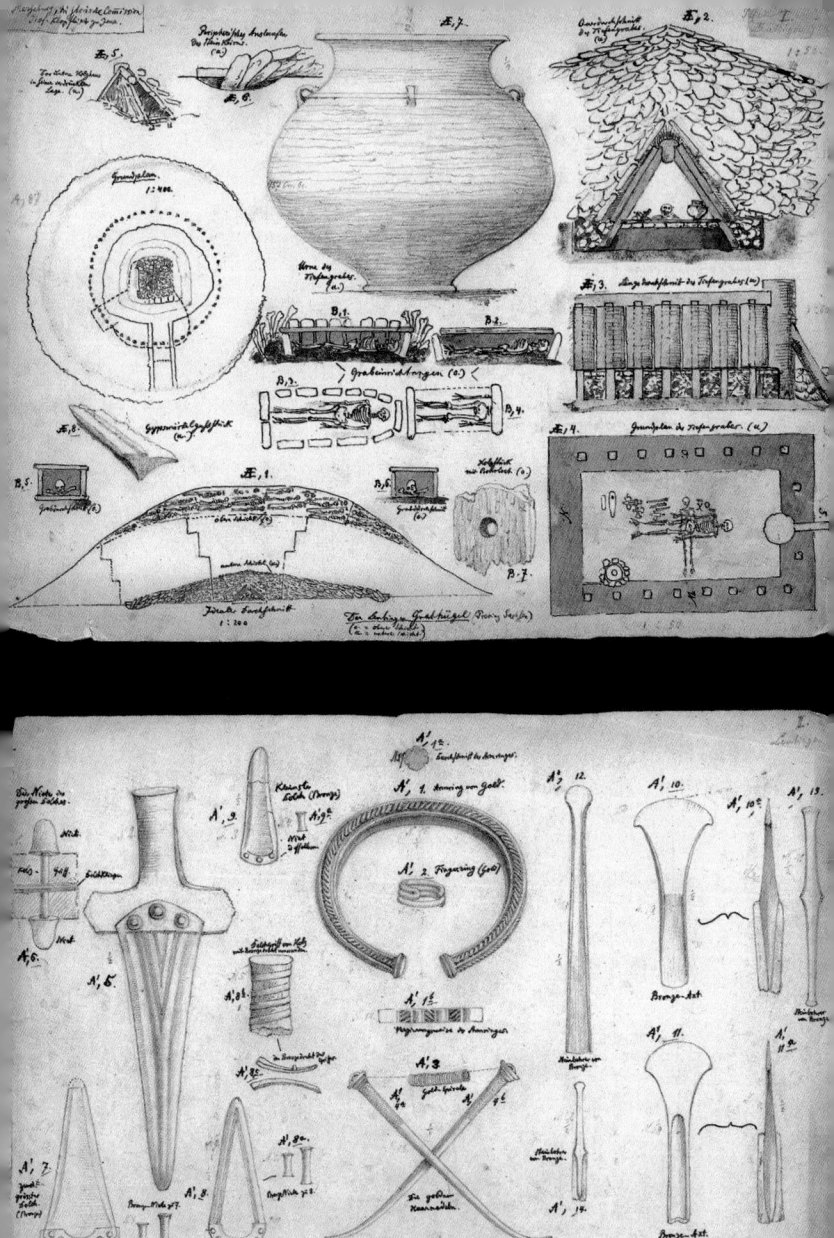

In verschiedenen Regionen Europas bestattete man vom Ende des 3. Jahrtausends bis in die Zeit der Himmelsscheibe hinein einige Tote sehr prachtvoll in oft gewaltigen Monumenten. Zum ersten Mal in der Geschichte können wir deutlich in der Totenfürsorge Arm und Reich unterscheiden, denn die meisten Menschen wurden mit viel weniger Aufwand begraben. Wir kennen in Mitteleuropa einige Tausend solcher Gräber. Man hat die Toten auf der rechten Seite liegend mit angezogenen Knien in Erdgruben beigesetzt. Die Beigaben beschränken sich meist auf ein wenig Geschirr für Speise und Trank. Nur selten wurden Metallobjekte wie Nadeln beigegeben. Zur Ausstattung der Fürsten gehörten hingegen reich verzierte Waffen und Goldschmuck.

In Mitteldeutschland sind um 2000 v. Chr. mehrere Fürstengräber angelegt worden, darunter auch der Hügel von Leubingen. Die Macht dieser Toten beruhte auf dem Reichtum der Regionen, der Kontrolle des Metallaustausches und an der Saale auch der Salzvorkommen. Diese Eliten

linke Seite:
Der Hügel von Leubingen wurde bereits 1877 ausgegraben. Die sorgfältige Dokumentation gibt über Aufbau und Beigabenreichtum genau Aufschluss.

Verbreitung der Fürstengräber in der Nähe des Fundortes der Himmelsscheibe.

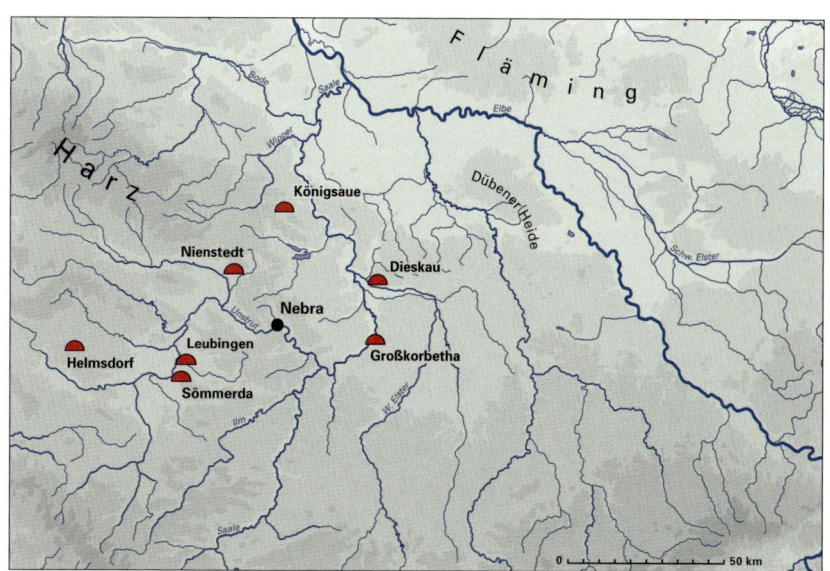

65

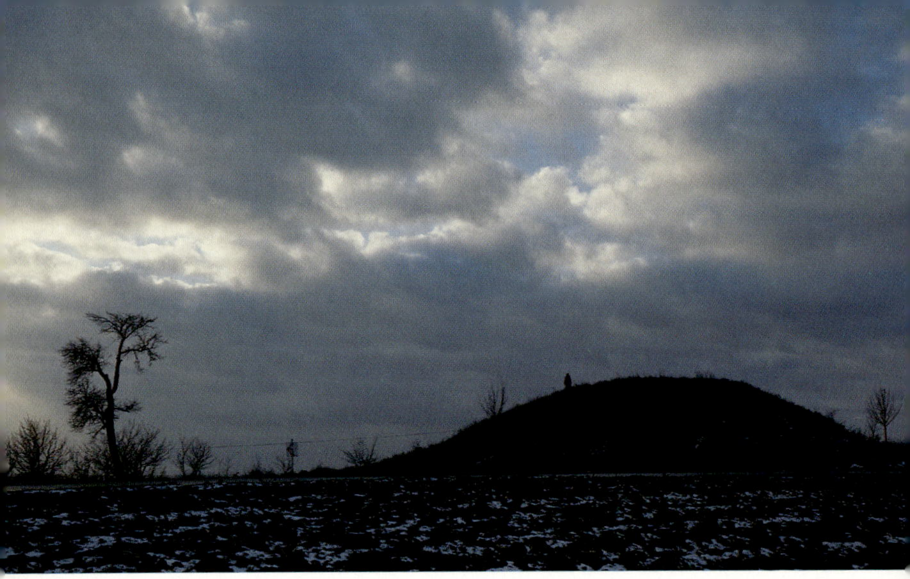

Der Grabhügel von Leubingen 2004

besaßen neben ihren weltlichen Machtbefugnissen auch religiöse Autorität. In ihren Kreisen müssen wir die Menschen vermuten, die in antiker Zeit im Besitz der Himmelsscheibe waren und dieses heilige Gerät herstellten, nutzten oder änderten.

Die Zeit der Fürstengräber war kurz. Die letzten waren bereits wenige Generationen vor der Niederlegung der Himmelsscheibe verschlossen worden. In Mitteldeutschland sollten fast zwei Jahrtausende vergehen, bis die archäologischen Funde wieder ähnlich bedeutende Personen zu erkennen geben.

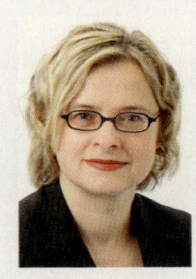

Regine Maraszek
ist Kuratorin am Landesmuseum für Vorgeschichte und Dozentin an der Martin-Luther-Universität Halle/Wittenberg. Ihre Forschungsgebiete sind die Niederlegungssitten und das Symbolgut der Bronzezeit. Sie war Projektleiterin und verantwortlich für die Konzeptionen der Ausstellungen zur Himmelsscheibe.

R. Hansen, Sonne oder Mond? Wie der Mensch in der
Bronzezeit mit Hilfe der Himmelsscheibe Sonnen- und
Mondkalender ausgleichen konnte. Archäologie in
Sachsen-Anhalt 4/II, 2006 (2007), 289–304.

H. Meller, Die Himmelsscheibe von Nebra – ein
frühbronzezeitlicher Fund von außergewöhnlicher
Bedeutung. Archäologie in Sachsen-Anhalt 1,
2002, 7–20.

H. Meller (Hrsg.), Der Geschmiedete Himmel.
Die weite Welt im Herzen Europas vor 3600 Jahren
(Halle/Saale 2004).

H. Meller/F. Bertemes (Hrsg.), Der Griff nach den Sternen.
Wie Europas Eliten zu Macht und Reichtum kamen.
Internationales Symposium in Halle (Saale)
16.–21. Februar 2005 (Halle/Saale 2008).

E. Pernicka/Ch.-H. Wunderlich, Naturwissenschaftliche
Untersuchungen an den Funden von Nebra.
Archäologie in Sachsen-Anhalt 1, 2002, 24–31.

W. Schlosser, Zur astronomischen Bedeutung
der Himmelsscheibe von Nebra. Archäologie in
Sachsen-Anhalt 1, 2002, 21–23.

S.4	J.Lipták, Köln
S.6–7	J.Lipták, Köln
S.9	K.Schauer, Hameln
S.11	K.Schauer, Hameln
S.15	J.Lipták, Köln
S.17	J.Lipták, Köln
S.19	Greser & Lenz, Aschaffenburg
S.20	Ott & Stein, Berlin
S.22–23	J.Lipták, Köln
S.24	Darstellung auf der Grundlage der Topographischen Karte 1:50000 (L4734). Mit Erlaubnis des Landesamtes für Vermessung und Geoinformation Sachsen-Anhalt vom 29.04.2008. Erlaubnisnummer: LVermGeo/A9-46630-2008-14
S.25	J.Lipták, Köln
S.26	N.Seeländer, Halle
S.27	R. Maraszek, Halle
S.28–31	J.Lipták, Köln
S.33	J.Lipták, Köln und C.-H.Wunderlich, Halle
S.34	J.Lipták, Köln
S.35	E.Pernicka, Freiberg
S.36	N.Seeländer, Halle
S.37	E.Pernicka, Freiberg
S.38	N.Seeländer, Halle
S.39	K.Schauer, Hameln
S.40	C.-H.Wunderlich, Halle
S.41	J.Lipták, Köln
S.43	J.Lipták, Köln
S.44	H.Breuer, Halle
S.45	K.Schauer, Hameln
S.46	W. Schlosser, Bochum
S.47	K.Schauer, Hameln
S.48	W.Schlosser, Bochum
S.49	J.Lipták, Köln
S.51–52	J.Lipták, Köln
S.53	Araldo De Luca s.a.s., Fotografia e Archivio d'Arte
S.54–55	J.Lipták, Köln
S.56	F.Kaul, Kopenhagen
S.57	K.Schauer, Hameln
S.58	J.Lipták, Köln
S.59	N.Seeländer, Halle
S.60–61	J.Lipták, Köln
S.62	N.Seeländer, Halle
S.63	J.Lipták, Köln
S.64	J.Lipták, Köln; Ortakte des LDA
S.65	N.Seeländer, Halle
S.66	J.Lipták, Köln

Zeichnung der Himmelsscheibe: C.Liebing, Halle
Umschlag Vorder- und Rückseite: J.Lipták, Köln